AF533915

Vögel in der Uckermark
Ein Fotoband von Reinhard Scholz

Kontakt zum Autor: reisylscho@web.de

1. Auflage 2017:
Projektbetreuung: Ka&Jott GbR, Breitscheidstr. 16, 16321 Bernau bei Berlin, info@ka-und-jott.de

2. Auflage 2022:
Schibri-Verlag, Milow 60, 17337 Uckerland
www.schibri.de

ISBN 978-3-86863-248-4

Reinhard Scholz

Als gebürtiger Prenzlauer hat er viele Gebiete unserer schönen Uckermark per Rad, zu Fuß oder anderweitig kennengelernt. Trotzdem gibt es immer wieder noch viel Neues zu entdecken. Seit seiner Jugend ist er begeisterter Radler und als ideale Ergänzung dazu Naturfotograf. Seit er sich 2004 die erste Digitalkamera kaufte und eine frierende Amsel im Schnee fotografierte, war eine neue Leidenschaft (wieder-)entdeckt – die Vogelfotografie.

Zum Foto auf der ersten Seite: Es gelang an einem sonnigen Maitag des Jahres 2012 irgendwo in der Uckermark und zeigt neben Lachmöwen und Blässhühnern auch Schwarzhalstaucher, Stockenten und Graugänse. Ein fast idyllisches Bild, wie man es nicht alle Tage zu sehen bekommt.

Inhaltsübersicht

0 Einführung

Aussichtspunkt Nationalpark
Unteres Odertal, Mescherin

Die Uckermark

Die Uckermark liegt im nordöstlichsten Teil Brandenburgs und zählt mit ca. 3077 km^2 zu den flächenmäßig größten Landkreisen Deutschlands. Zugleich ist sie aber auch einer der am dünnsten besiedelten Landkreise. Charakteristisch ist eine sehr wechselhafte Landschaftsform mit einer Vielzahl kleinerer und größerer Seen, die durch abwandernde Gletscher während der letzten Eiszeit entstanden sind. Auch riesige Findlinge blieben übrig, die mancherorts noch heute zu sehen sind. Dichte Wälder wechseln mit weiten Offen- und Hügellandschaften, in denen sich zahlreiche Tümpel, Weiher, Sölle und Moore befinden. Die Uckermark ist flächenmäßig größer als das Saarland.

Viele Flächen sind zu Naturschutzgebieten erklärt, wovon der Melzower Forst mit 2.830 ha der größte von gegenwärtig über 50 ist. Entlang der Oder ist der Nationalpark Unteres Odertal zu erwähnen, der an das Nachbarland Polen anschließt und zu den letzten naturnahen Flussauengebieten Mitteleuropas zählt. Er ist Brandenburgs einziger Nationalpark. Im Herbst sammeln sich hier tausende Zugvögel wie Singschwäne oder Kraniche, deren Gesänge und Rufe kilometerweit zu hören sind.

Im Biosphärenreservat Schorfheide-Chorin mit seinen sanften Moränenhügellandschaften, geheimnisvollen Sümpfen, Wäldern und uralten Eichen sind unter vielen anderen Arten auch See-, Schrei- und Fischadler zu sehen.
Auch im Naturpark Uckermärkische Seen ist mit etwas Glück der sehr scheue und seltene Eisvogel zu sehen, der oft auch als „fliegender Juwel" wegen seines strahlend blauen Federkleids bezeichnet wird. Sichtweiten im Klarwasser von bis zu 8 Meter sind für diese Spezies ideal für eine erfolgreiche Jagd nach kleinen Fischen.

Nicht zuletzt soll der Grumsiner Buchenwald bei Angermünde genannt sein, der mit seinem Buchenbestand Teil des UNESCO-Weltnaturerbes „Buchenwälder der Karpaten und alte Buchenwälder Deutschlands" wurde.

Durch die dünne Besiedlung und die vielfältigen Landschaftsformen entwickelten sich Räume, in denen zahlreiche Vogelarten ihr ständiges Zuhause haben oder auf der Durchreise ungestörte Rastplätze finden. Viele Arten finden hier geeignete Brutgebiete, in denen sie ungestört ihren Nachwuchs aufziehen können.
Leider wechselt dieses Bild ständig, und zahlreiche, meist durch Menschen verursachte Umwelteinflüsse nehmen Einfluss auf die Bestände. Dank der Arbeit der Naturschutzverbände und ehrenamtlichen Mitarbeiter wird seit Jahren versucht, negativen Bestandsentwicklungen entgegenzuwirken.

Seit 2004 ist es mir gelungen, weit über 1.000 Vogelarten zu fotografieren – nicht nur in Deutschland, sondern auch während einiger Urlaubsreisen in ferne Länder.

Bild oben links: Seebruch Holzendorf
Bild oben rechts: Das Blutströpfchen – ein Nachtfalter
Bild Mitte links: Naturschutzgebiet (NSG) „Charlottenhöhe" Nähe Röpersdorf mit Blick auf den Unteruckersee
Bild Mitte rechts: Admiral – Schmetterling aus der Familie der Edelfalter
Bild unten links: NSG „Charlottenhöhe" Nähe Röpersdorf
Bild unten rechts: Blauflügel-Prachtlibelle

Von den weltweit existierenden ca. 10.000 Vogelarten wurden in der Uckermark etwa 250 gesichtet. Die meisten davon konnte ich in den über 10 Jahren meiner Tätigkeit selbst fotografieren. Um jedoch einen möglichst umfassenden Überblick über die in der Uckermark lebenden Vögel zu geben, wurden in einigen Fällen andere Quellen hinzugezogen.

Ich musste allerdings während dieser Zeit feststellen, dass eine gehörige Menge Zeit und Geduld nötig ist und man natürlich auch immer ein Quentchen Glück braucht.

Vor einiger Zeit habe ich mich entschlossen, ein Fotobuch über die Vögel der Uckermark zu gestalten. Ein ganz individuelles Fotobuch, wie man es von Urlaubsreisen oder zu bestimmten Anlässen gestaltet, sollte es werden. Die Resonanz darauf fiel sehr positiv aus und man regte an, doch ein „richtiges" Buch daraus zu machen, was ich denn auch tat und hiermit vorstellen möchte.

Raupe des Schwalbenschwanzes, eine Schmetterlingsart aus der Familie der Ritterfalter

Abschließend möchte ich erwähnen, dass die Artenbestimmung mithilfe einiger Bestimmungsbücher erfolgte. Aber auch erfahrene Vogelkundler leisteten Hilfestellung. Mein ausdrücklicher Dank gilt dem Templiner Tierarzt Ingo Börner für die Schreiadlerfotos. Herr Börner kümmert sich seit Jahren mit großem Engagement um die Bestandserhaltung der vom Aussterben bedrohten Schreiadler. Leider gibt es in Deutschland nur noch weniger als 100 Brutpaare, weshalb ich mich besonders freue, sie hier mit aufnehmen zu können.

Schon seit Jahrtausenden interessieren sich Menschen auf der ganzen Welt für die Geheimnisse der Vogelwelt. Viele Rätsel, z. B. die des Vogelzuges sind bis heute noch nicht vollständig entschlüsselt. Allein der Reiz dieser Lebewesen, fliegen zu können, inspirierte die Menschheit in vielfältiger Weise, es ihnen gleichzutun.
Aber auch die schönen Gesänge und die Farbenpracht ihrer Gefieder, sind für viele Menschen immer wieder faszinierend.
Leider gibt es aber eben solange weltweit Tendenzen, Vögel gewinnbringend zu vermarkten. Man denke nur an die in engen Käfigen eingepferchten Papageien, Sittiche und viele andere Vögel. Wer einmal einen Schwarm frei fliegender Aras in der Natur gesehen hat, weiß, welche Auswüchse falsch verstandene Tierliebe hat, wenn diese herrlichen, geselligen Vögel in einem engen Käfig (meist lebenslang) gehalten werden. Noch schlimmer aber ist, dass besonders in südeuropäischen und anderen Ländern nach üblichem Brauchtum, Kleinvögel gefangen und zu horrenden Preisen

in luxuriösen Restaurants als besondere Delikatesse angeboten werden. Die Vögel werden mit Leimruten, Fallen oder Netzen, die manchmal kilometerweit reichen, eingefangen und haben keine Chance, einem qualvollen Tod zu entgehen.
Aber auch die Massentierhaltung einiger Geflügelarten auf engstem Raum ist wohl mehr als bedenklich.

In diesem Buch finden Sie einige Arten, die nur sehr selten zu sehen sind. Diese kann ein einzelner Amateurfotograf nicht alle erfassen, weshalb auf einige Quellen zurückgegriffen wurde, die im Anhang aufgeführt sind.
Ich betreibe Naturfotografie als reines Hobby, weshalb weder ein Anspruch auf Vollständigkeit noch auf ornithologische Richtigkeit erhoben werden kann.

Aufbau und Einteilung

Die Einteilung nach Arten wurde anhand der gängigen Fachliteratur vorgenommen. Bewusst wurde auf detaillierte Erklärungen verzichtet, die der Fachliteratur vorbehalten bleiben sollen.
Vielmehr soll dieser Fotoband dem Betrachter einen Einblick in die Schönheit und Vielfalt unserer heimischen Vogelwelt gewähren.
Der Aufbau und die Reihenfolge der abgebildeten Vogelarten erfolgte in Anlehnung an diverse Bestimmungsbücher, die wiederum auf einer Richtlinie für die seit 2003 geltende Systematik basieren. Diese Systematik ist kein starres Schema, sondern wird ständig aktualisiert, z. B. anhand der seit der 1980er-Jahre ständig weiterentwickelten DNA-Technik, mit deren Hilfe, Rückschlüsse auf die Verwandtschaftsverhältnisse verschiedener Vogelarten anders möglich wurden als bisher.

Es werden zwei große Hauptgruppen unterschieden: die der **Nonpasseriformes** („Nicht-Sing- bzw.Nicht-Sperlingsvögel") und die der **Passeriformes** („Singvögel bzw. Sperlingsvögel"). Auf die gesamte Vogelwelt bezogen, beinhaltet diese Systematik über 29 Ordnungen, die in 204 Familien und etwa 9.700 Arten gegliedert wurden.

Die in diesem Fotoband erfassten Arten gibt es natürlich auch in anderen Teilen Deutschlands, Europas und auf anderen Kontinenten.

Non-Passerieformes:
Hühnervögel
Entenvögel
Lappentaucher
Reiher, Störche, Rohrdommeln
Kormorane
Greifvögel
Kraniche und Verwandte
Watvögel, Möwen, Seeschwalben
Tauben
Kuckuck
Eulen
Eisvögel und Verwandte
Spechte

Passerieformes:
Sperlingsvögel bzw. Singvögel

Erläuterung der verwendeten Kurzbezeichnungen:

J	Jahresvogel
B	Brutvogel, Sommergast
Z	Zuggast
W	Wintergast
A	Ausnahmeerscheinung
L	Länge in cm

1 Hühnervögel

Wachteln BZ – L 18

1 Hühnervögel

Man unterscheidet **Raufußhühner** (z. B. das bekannte, aber in unseren Regionen nicht vorkommende Auerhuhn) und **Glattfußhühner**, wobei in der Uckermark auch die nur noch selten zu sehenden **Rebhühner**, **Jagdfasane** und vereinzelt auch **Wachteln** leben.

Jagdfasan J – L 60 bis 85

Jagdfasane J – L 60 bis 85

Rebhühner im Maisschlag

Rebhuhn – J – L 30

2 Entenvögel

Stockentenküken

2 Entenvögel

Zur Ordnung der Entenvögel gehören **Schwäne**, **Gänse**, **Enten** (Schwimm- und Tauchenten) sowie **Säger**.

In der Uckermark gibt es zahlreiche Gewässer verschiedenster Größen, die dieser Spezies als Lebensgrundlage dienen. Aber es lauern auch viele Gefahren (Bild rechts).

2.1 Schwäne

Singschwäne

Singschwäne brüten in Nordeuropa und ziehen im Herbst und Frühjahr durch Teile der Uckermark, wo sie an ihren weit hörbaren Rufen zu erkennen sind – beispielsweise im Nationalpark Unteres Odertal oder auf abgeernteten Feldern.

Singschwäne W – L 155

Der majestätische Höckerschwan ist seit vielen Jahren in der Uckermark heimisch und wurde in das Prenzlauer Stadtwappen aufgenommen.

Höckerschwäne JZW – L 150

Zwergschwäne sind die kleinsten Vertreter der Schwäne und brüten ebenfalls im hohen Norden, sind auf ihrem Zug jedoch nur gelegentlich zu sehen.

Zwergschwan W – L 122

2.2 Gänse

Die wohl bekanntesten Vertreter der Gänse in der Uckermark sind die Graugänse. Sie sind im Frühjahr und Herbst oft in riesigen Formationen zu beobachten. Sie brüten an Sümpfen und verschilften Gewässern, aber auch auf kleinen Inseln. Auch Saat- und Blässgänse sind meist in größeren Formationen zu sehen. Weniger häufig sind folgende Arten zu beobachten:

Brandgans
Streifengans
Zwerggans
Nilgans
Ringelgans
Kanadagans
Kurzschnabelgans
Weißwangengans

Graugänse JZW – L 75 bis 85

Graugänse können, wenn sie ihren Nachwuchs vor Feinden beschützen, recht aggressiv werden.

Brandgans JZW – L 60

Blässgänse ZW – L 60 bis 73 und Graugänse JZW – L 75 bis 85

Brandgänse JZW – L 60

Saatgans ZW – L 68 bis 80

Zwerggans A – L 56 bis 66

Streifengans A – L 75

Kurzschnabelgänse ZW – L 63 bis 73

Ringelgans W – L 60

Kanadagänse A – L 90 bis 100

Nilgänse JB – L 70

Weißwangengänse

Nilgänse

2.3 Enten

Weltweit gibt es eine Vielzahl von **Schwimmenten** und **Tauchenten**.

Schwimmenten suchen kopfüber Nahrung an Gewässergründen und sind sehr gute Flieger, die auch senkrecht starten können. Bei uns kommen am häufigsten die Stockenten vor, deren Erpel in der Brutzeit ein farbenprächtiges Federkleid haben.
Weitere in unserer Region zu sehende Arten sind Schnatterenten, Pfeifenten, Knäkenten, Löffelenten, Krickenten, Spießenten und vereinzelt auch Mandarinenten.

Knäkenten BZ – L 51

Krickente ZW – L 36

Spießenten JZW – L 56 bis 71

Löffelente ZW – L 51

Mandarinenten A – L 46

Pfeifenten JZW – L 46

Schnatterenten JZW – L 51

Stockenten JZW – L 56

Tauchenten bewegen sich bei der Nahrungssuche schwimmend unter Wasser. Dazu gehören: Kolbenenten, Moorenten, Tafelenten, Reiherenten, Bergenten, Eiderenten, Eisenten, Trauerenten und Schellenten.

Bergenten ZW – L 46

Eisente ZW – L 40 bis 55

Eiderenten ZW – L 60

Kolbenenten JZW – L 56

Moorente Z – L 40

Reiherenten JW – L 42

Schellenten BWZ – L 45

Trauerente ZW – L 55

Tafelenten J – L 55

2.4 Säger

Die Säger sind Tauchvögel, die sich von Fischen ernähren, die mit sägezahnartigen Schnäbeln gegriffen werden. In der Uckermark wurden neben **Gänsesägern** auch **Mittelsäger** und **Zwergsäger** beobachtet.

Gänsesäger JW – L 64

Mittelsäger ZW – L 55

Zwergsäger AW – L 40

3 Lappentaucher

Haubentaucher JZW – L 50
Vogel des Jahres 2001

3 Lappentaucher

Im Gegensatz zu den Seetauchern, die in hiesigen Gewässern nicht vorkommen, sind Lappentaucher Vögel der Süßgewässer und weltweit verbreitet.

Lappentaucher haben an den Zehen anstelle von Schwimmhäuten Hautlappen. Sie haben spitze Schnäbel und einen lang gestreckten Körper.

Die bei uns bekannteste Art ist der Haubentaucher. Seltener in unseren Regionen zu beobachten sind die Rothals-, Schwarzhals- und Zwergtaucher. Alle Arten brüten auf bzw. an schilfhaltigen Gewässern.

Charakteristisch ist ihr auffälliges Balzverhalten.

Haubentaucher JZW – L 50

Rothalstaucher ZB – L 45

Schwarzhalstaucher ZB – L 31

Zwergtaucher ZB – L 25

Schwarzstorch BZ – L 105

4 Reiher, Störche und Rohrdommeln

4 Reiher, Störche und Rohrdommeln

Diese Arten ernähren sich von Fischen oder Kleingetier, das sie meist in seichten Gewässern, Wiesen oder anderen Feuchtgebieten erbeuten. Allen gemein sind die charakteristisch langen Hälse, Beine und Schnäbel.

Graureiher JZW – L 95

Graureiher sind die in der Uckermark am häufigsten vorkommenden Reiher.

Silberreiher ZW – L 90

Silberreiher sind ähnlich groß wie Graureiher, haben aber weißes Gefieder und dunkle Beine. Man kann sie meist nur im Frühjahr oder Herbst beobachten, dann auch in größeren Kolonien.

Silberreiher ZW – L 90

Weißstörche BZ – L 110

Weißstörche ziehen zum Überwintern nach Afrika, meist über Gibraltar. Für die Jungenaufzucht brauchen sie ausreichend Feuchtgebiete, in denen sie nach Fröschen, Schlangen, Fischen und kleinen Säugetieren jagen können.

Schwarzstörche sind sehr scheue Bewohner von Waldgebieten, die sich in der Nähe von Seen oder anderen Gewässern befinden.

Schwarzstörche BZ – L 105

Rohrdommeln halten sich gut versteckt in Schilfgebieten auf, weshalb man sie sehr selten zu sehen bekommt.

Rohrdommel BZ – L 35

Zwergdommel BZ – L 35

5 Kormorane

Kormorane JZW – L 60
Vogel des Jahres 2010

5 Kormorane

Kormorane sind weit verbreitet und brüten hauptsächlich in Kolonien meist auf abgestorbenen Bäumen in der Nähe von Seen, in denen sie nach Fischen tauchen. Weil sie auch Aale und andere Edelfische nicht verschmähen, sind sie nicht immer die Freunde der Fischer. Nach Tauchgängen kann man sie oft mit zum Trocknen gespreizten Flügeln beobachten.

6 Greifvögel

Rotmilan im Beuteflug
JZW – L 60 bis 70

6 Greifvögel

Von den in Deutschland vorkommenden ca. 20 Greifvogelarten ist ein Großteil auch in der Uckermark zu beobachten, und einige brüten auch hier. Die meisten ziehen im Herbst jedoch wieder gen Süden, teilweise bis nach Afrika. Grundsätzlich unterscheidet man:

- Geier (hier nicht vorkommend)
- Adler
  - Seeadler
  - Fischadler
  - Schreiadler
- Bussarde
  - Mäusebussard
  - Rauhfußbussard
  - Wespenbussard
- Habicht, Sperber
- Milane
  - Rotmilan
  - Schwarzmilan
- Weihen
  - Rohrweihe
  - Kornweihe
  - Wiesenweihe
- Falken
  - Turmfalke
  - Wanderfalke
  - Baumfalke
  - Merlin

6.1 Adler

Fischadler ernähren sich ausschließlich von Fischen. Sie bauen große Reisignester auf hohen Bäumen oder Hochspannungsmasten.

Schreiadler (BZ – L55 bis 65) stehen ganz oben auf der Liste der vom Aussterben bedrohten Arten. In Deutschland schätzt man die Gesamtzahl der Brutpaare auf nur noch 100, ca. 20 davon in Brandenburg. Der Schreiadler ist die kleinste bei uns lebende Adlerart und jagt ihre Beute grundsätzlich am Boden und verbringen die Wintermonate in Afrika.

Der Tierarzt Ingo Börner hat die Fotos der Schreiadler zur Verfügung gestellt. Er engagiert sich seit Jahren für den Schutz dieser Art.

Fotos Schreiadler: Ingo Börner

Der **Gleitaar** ist ein seltener Ausnahmegast aus dem südwestlichen Europa.

Gleitaar A – L 33

Seeadler leben meist in der Nähe von Gewässern und bauen ihre Nester aus Reisig auf hohen Bäumen. Sie ernähren sich von Fischen, Wasservögeln, aber auch von Aas. Sie sind die größten Greifvögel Europas mit einer Flügelspannweite bis zu 240 cm.
Die Stare im unteren Bild sind von der Anwesenheit des großen Beutegreifers wenig beeindruckt. Er ist zu langsam für sie.

Seeadler WL – L 77 bis 92

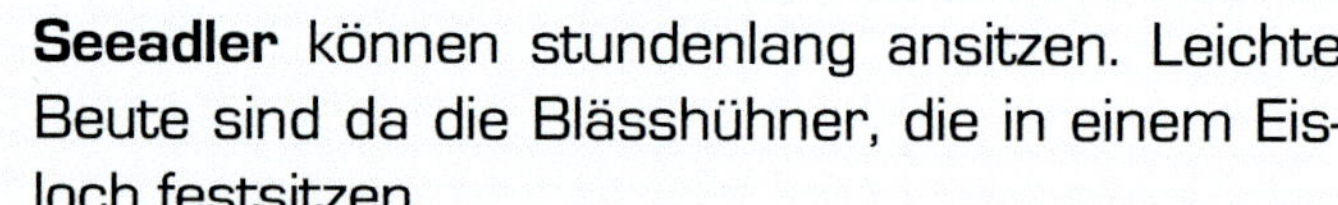

Seeadler können stundenlang ansitzen. Leichte Beute sind da die Blässhühner, die in einem Eisloch festsitzen.

6.2 Bussarde

Der am häufigsten vorkommende Bussard ist der **Mäusebussard**. Seine Farbvariation reicht von weißlich bis dunkelbraun. Er jagt kleinere Tiere und ist oft „rüttelnd“ zu beobachten.

Mäusebussarde JZW – L 43 bis 55

Raufußbussarde im Flug

Raufußbussard W – L 50 bis 60

Wespenbussard BZ – L 51 bis 58

6.3 Habicht und Sperber

Habichte brüten in dichten Wäldern und sind vornehmlich auf die Vogeljagd spezialisiert. Sie sind sehr wendig und jagen auch größere Vögel wie z. B. Hühner, weshalb sie selbst stark bejagt wurden.

Sperber leben in Wäldern und jagen Vögel bis Drosselgröße. Sie starten Überaschungsangriffe aus einer sicheren Deckung und können ihre Beute im Flug schlagen.

Sperber JWZ – L 30 bis 39

Habicht JWZ – L 48 bis 60
Vogel des Jahres 2015

6.4 Weihen

Weihen sind mittelgroße Greifvögel, die meist niedrig über dem Boden mit langsamen Flügelschlägen Beute jagen.

Kornweihe (w) BZW – L 40 bis 50

Kornweihe (m) BZW – L 40 bis 50

Rohrweihe (m) BZ – L 45 bis 55

Wiesenweihe (m) Z – L 43 bis 48

Wiesenweihe (w) Z – L 43 bis 48

Foto: Heiko Menz

6.5 Falken

Wanderfalken gehören zu den schnellsten Vögeln der Welt und können im Sturzflug mehr als 300 km/h erreichen. In der zweiten Hälfte des letzten Jahrhunderts waren sie stark bedroht. Inzwischen haben sich ihre Bestände jedoch wieder stabilisiert.

Wanderfalke JWZ – L 40 bis 52

Foto: Heiko Menz

Baumfalke BZ – L 32 bis 36

Merlin ZW – L 25 bis 30

Turmfalken JZW – L 32 bis 38

Die Brutstätte dieses **Turmfalken**paares ist ein altes Trafohaus, das ursprünglich abgerissen werden sollte. Durch den fotografischen Nachweis der Jungvögel konnte die Brutstätte erhalten werden.

6.6 Milane

Man unterscheidet zwischen Rotmilan (auch Gabelweihe genannt) und Schwarzmilan. Beide sieht man oft hoch oben kreisend. Sie sind relativ groß sowie langflügelig und langschwänzig. So können sie geschickt über Felder und Bäume manövrieren.

Rotmilane JZW – L 60 bis 70

Schwarzmilan BZ – L 50 bis 63

7 Kraniche und Verwandte

Kraniche BZ – L 115 bis 130

7 Kraniche und Verwandte

Die einzige bei uns vorkommende Kranichart ist der Graukranich. Auch Blässhühner gehören zu dieser Ordnung. Albinos – wie auf dem rechten Bild – sind bei Blässhühnern sehr selten. Weiterhin Trappen (nur noch sehr vereinzelt in Deutschland), Rallen (Wasserrallen, Sumpfhühner, Teich- und Blässhühner) sowie Laufhühnchen und Wachtelkönige.

Blässhühner JZW – L 38

Kraniche BZ – L 115 bis 130

Stelzenläufer A – L 38

Teichhuhn JZW – L 33

Wachtelkönig BZ – L 26

Tümpelsumpfhuhn Z – L 23

Wasseralle ZW – L 28

8 Möwen, Seeschwalben, Watvögel

Alpenstrandläufer ZW – L 18

8 Möwen, Seeschwalben, Watvögel

8.1 Möwen

Allen Möwen gemein ist, dass sie Schwimmhäute, lange, relativ schmale Flügel sowie recht kräftige Schnäbel besitzen.

Heringsmöwe BZW – L 52

Mittelmeermöwe ZW – L 55

Steppenmöwe ZW – L 55

Silbermöwe JZW – L 58

Lachmöwe JZW – L 38

Mantelmöwe JZW – L 63

Sturmmöwe ZW – L 43

Sturmmöwe ZW – L 43

8.2 Seeschwalben

Seeschwalben ernähren sich von Fischen und Insekten, die sie von der Oberfläche seichter Gewässer aufnehmen. Sie sind bekannt für extrem weite Flugstrecken, die sie zwischen Brut- und Überwinterungsgebieten zurücklegen.

In der Uckermark wurden Flussseeschwalben angesiedelt, die auch erfolgreich brüteten. Auch Zwerg-, Trauer-, Raub-, Weißbart- und Weißflügelseeschwalben wurden schon gesichtet.

Raubseeschwalbe BZ – L 53

Weißflügelseeschwalben Z – L 24

Flussseeschwalben BZ – L 35

Trauerseeschwalbe BZ – L 24

8.3 Watvögel

Watvögel, in Fachkreisen auch Limikolen genannt, suchen in zumeist seichten Gewässern – vorrangig im Schlamm – nach Würmern, Schnecken und anderen Weichtieren. Sie treten in zahlreichen Arten auf und kommen häufig in großen Schwärmen vor. Dies trifft auch auf die Alpenstrandläufer zu, die man in großen Scharen antreffen kann. Die meisten Arten sind allerdings Frühjahrs- und Herbstdurchzügler.

Alpenstrandläufer ZW – L 18

Bekassine BZW – L 25
Vogel des Jahres 2013

Alpenstrandläufer ZW – L 18

Austernfischer Z – L 43

Flussregenpfeifer BZ – L 16

Dunkler Wasserläufer Z – L 30

Foto: Heiko Menz

Bruchwasserläufer Z – L 22

Knutt ZW – L 25

Flussuferläufer BZ – L 20

Goldregenpfeifer Z – L 27

Kiebitz BZW – L 30

Kampfläufer Z – L 30

Grünschenkel Z – L 32

Pfuhlschnepfe Z – L 38

Kiebitzkücken

Foto: Andreas Trepte • www.photo-natur.de

Odinshühnchen Z – L 23

Regenbrachvogel Z – L 40

Sanderlinge ZW – L 18

Rotschenkel ZW – L 27

Sandregenpfeifer BZ – L 18

Großer Brachvogel BZ – L 56

Sichelstrandläufer Z – L 19

Steinwälzer Z – L 23

Zwergschnepfe ZW – L 20

Uferschnepfe Z – L 40

Foto: Jürgen Schiersmann

Waldschnepfe ZW – L 36

Kiebitzregenpfeifer ZW – L 29

Waldwasserläufer ZW – L 23

Temminckstrandläufer Z – L 13,5

Zwergstrandläufer Z – L 14

9 Tauben

Türkentaube J – L 32

9 Tauben

Tauben gibt es global in großer Artenvielfalt. Aufgrund ihrer besonderen Fähigkeiten und ihres „inneren" Navigationssystems gehören sie zu den beliebtesten Zuchtvögeln. Freilebend kann man bei uns – außer der am häufigsten vorkommenden Ringeltaube – noch Türkentauben, Hohltauben und Turteltauben beobachten.

Hohltaube Z – L 33

Türkentaube J – L 32

Ringeltaube BZW – L 40

Turteltaube A – L 26

10 Kuckuck

10 Kuckuck

Die meisten Kuckucksarten sind „Brutparasiten", die ihre Eier in die Nester anderer Vögel legen und diesen die Aufzucht ihrer Jungen überlassen. Der kleine Kuckuck ist meist größer und wirft die anderen aus dem Nest.
Der bei uns im Frühjahr weit zu hörende Kuckuck braucht weite Waldgebiete oder offene Landschaften, ist sehr scheu und ist deshalb eher zu hören als zu sehen.

Kuckuck BZ – L 33

11 Eulenvögel

Waldohreule JZW – L 34
fotografiert im Prenzlauer Stadtgebiet
(mit erfolgreicher Brut, siehe S. 89)

11 Eulenvögel

Eulenvögel sind Beutejäger, die meist nachts jagen und dabei fast geräuschlos fliegen.

Schleiereule J – L 32

Steinkauz J – L 23

Waldkauz J– L 42
Vogel des Jahres 2017

Uhu J– L 69

Uhu J – L 69

Waldohreule, Jungvögel

Sumpfohreule BZW – L 35

Waldohreule JZW – L 34

12 Eisvögel und Verwandte

Eisvogel JZW – L 18
Vogel des Jahres 2009

12 Eisvögel und Verwandte

Eisvögel gehören zur großen Gruppe der Racken- und Hopfvögel. Der leuchtend blau schimmernde Eisvogel, den man bei uns beobachten kann, brütet auch hier. Er beansprucht klare, in der Regel auch fließende Gewässer, in denen er nach kleinen Fischen jagen kann.
Fast noch seltener ist der insektenfressende Wiedehopf zu sehen.

Eisvogel JZW – L 18

Wiedehopf Z – L 28

13 Spechte

Buntspecht JW – L 25

13 Spechte

Wohl jeder hat schon einmal das kraftvolle Hämmern eines Spechtes gehört oder das prachtvolle Gefieder des Buntspechtes bewundert. Dieser lebt nicht nur in Laub- und Nadelwäldern, sondern auch in Gärten und Parks.
Alle Spechte (mit Ausnahme des seltenen Wendehalses) hämmern mit ihren kräftigen Schnäbeln Larven (u. a.) aus dem Holz. Damit hacken sie aber auch Löcher in Bäume, die sie (und später auch andere Vögel) als Baumhöhlen bzw. Nester nutzen. Ihre Schwänze benutzen sie dabei als Stütze, wie auf dem unteren Bild gut zu sehen ist.

Buntspecht JW – L 25

Foto: Michael Radloff

Grauspecht J – L 29

Kleinspecht JW – L 15

Mittelspecht J – L 20

Grünspechte J – L 34

Schwarzspecht J – L 44

Wendehals Z – L 17

Foto: Michael Radloff

14 Sperlingsvögel

Haussperling J - L 14,5

14 Sperlingsvögel

Die Ordnung der Sperlingsvögel ist auch in der Uckermark die mit Abstand vielfältigste und artenreichste überhaupt. Weltweit gehören hierzu mehr als die Hälfte aller Vogelarten.

14.1 Lerchen

Lerchen sind häufig in Feldern, Weiden und Trockengebieten zu finden. Sie leben am Boden und sind durch ihr unauffälliges braun-beiges Gefieder gut getarnt und schwer zu erkennen. Bei typischen Singflügen in luftiger Höhe sind besonders die Feldlerchen zu beobachten.

Heidelerche BZ – L 15

Ohrenlerche W – L 17

Foto: Andreas Trepte • www.photo-natur.de

Feldlerche ZB – L 18

Haubenlerche Z – L 17

14.2 Schwalben, Segler, Nachtschwalben

„Eine Schwalbe macht noch keinen Sommer." – Aber wenn sie sich in großer Zahl sammeln, ist der Herbst nicht mehr weit. Alle Schwalben besitzen relativ lange Flügel. Sie verbringen den größten Teil ihrer Zeit in der Luft, wo sie Insekten jagen. Die meisten Schwalbenarten leben gesellig in größeren Kolonien. Sie bauen ihre Nester vorwiegend aus Lehm oder Schlamm, den sie zusammen mit Grashalmen oder ähnlichem Baumaterial mit ihrem eigenen Speichel verkleben.

Uferschwalben nisten häufig an steilen Wänden von Kiesgruben.

Mauersegler sind den Schwalben ähnlich, haben aber längere und schmalere Flügel und gehören zur Gruppe der Segler.

Ziegenmelker dagegen gehören zu den Nachtschwalben und erbeuten ihre Insekten ausschließlich nachts.

Mauersegler BZ – L 17

Uferschwalben BZ – L 13

Mehlschwalben BZ – L 14

Rauchschwalben BZ – L 19

Rauchschwalben, Nestlinge

Ziegenmelker Z – L 28

14.3 Pieper und Stelzen

Auf allen Kontinenten gibt es diese Vogelfamilie. Sie bevorzugen Wassernähe und offene Geländeformen, aber auch Wälder.

Baumpieper BZ – L 15

Bachstelze BZ – L 18

Rotkehlpieper Z – L 14,5

Foto: Andreas Trepte • www.photo-natur.de

Schafstelze BZ – L 16,5

Gebirgsstelze ZW – L 18

Spornpieper A – L 18

Wiesenschafstelze BZ – L 16,5

Wiesenpieper BZW – L 14,5

14.4 Wasseramsel

Die sehr scheue und weitestgehend verborgen lebende Wasseramsel ist fast ausschließlich an schnell fließenden Gewässern zu sehen, wo sie auch brütet.

Sie taucht unter Wasser u. a. nach Würmern, kann unter Wasser schwimmen und sogar laufen.

Wasseramsel JW – L 18

14.5 Zaunkönig

Zaunkönige gehören zu den kleinsten europäischen Vögeln. Sie leben sowohl in Wäldern, Gärten und Parks als auch in Schilfzonen und Gebirgsregionen – überall, wo niedrige Vegetation Deckung bietet. Charakteristisch ist der meist gestelzte Schwanz. Trotz ihrer geringen Größe verfügen sie über einen kräftigen Gesang.

Zaunkönig JZW – L 10

14.6 Braunellen

Braunellen sind unauffällig am Boden lebende Vögel. Dort suchen sie auch vorrangig nach Nahrung. Während Alpenbraunellen hier kaum zu sehen sind, findet man die Heckenbraunellen in unserer Region auch in Gärten und Parks.

Heckenbraunelle JZW – L 15

14.7 Drosseln, Stare, Steinschmätzer und Verwandte

Zu den eigentlichen „Drosseln" gehören die Wacholderdrosseln. Weiterhin Singdrosseln, Mistel- und Rotdrosseln, Ringdrosseln und auch die Amseln.

Die auch als „kleine Drosseln" bezeichneten Arten, die in dieser Gruppe aufgeführt sind, werden wohl seit einiger Zeit auch zu den „Schnäpperverwandten" gezählt.

Wacholderdrosseln JZW – L 25

Foto: Andreas Trepte • www.photo-natur.de

Ringeldrossel

Rotkehlchen JZW – L 14

Gartenrotschwanz BZ – L 14

Amsel (w) JZW – L 24

Blaukehlchen BZ – L 14

Amsel (m) JZW – L 24

Braunkehlchen BZ – L 12,5

Hausrotschwanz BZ – L 14

Misteldrossel JZW – L 28

Sprosser BZ – L 16,5

Schwarzkehlchen BZ – L 12

Nachtigall BZ – L 16,5

Steinschmätzer BZ – L 14,5

Rotdrossel ZW – L 20

Singdrossel BZ – L 22

Star BZW – L 21

Starenschwarm

14.8 Zweigsänger

Zur Gruppe der Zweigsänger gehören:

- Grasmücken
- Laubsänger
- Rohrsänger
- Schwirle
- Seidensänger
- Spötter

Grasmücken

Gartengrasmücke BZ – L 14

Sperbergrasmücke Z – L 15,5

Foto: Heiko Menz

Klappergrasmücke BZ – L 13,5

Dorngrasmücke BZ – L 14

Mönchsgrasmücke (m) BZW – L 14

Mönchsgrasmücke (w) BZW – L 14

Fitis BZ – L 11,5

Zilpzalp BZ – L 11

Wintergoldhähnchen JZW – L 9

Sommergoldhähnchen JZW – L 9

Waldlaubsänger BZ – L 12

Drosselrohrsänger BZ – L 19

Teichrohrsänger BZ – L 12,5

Sumpfrohrsänger BZ – L 12,5

Schilfrohrsänger BZ – L 12,5

Schwirle

Feldschwirl BZ – L 13

Rohrschwirl BZ – L 14

Seidensänger

Seidensänger A – L 14

14.9 Fliegenschnäpper

Fliegenschnäpper sind Vögel, die im Flug Insekten fangen. Dazu gehören die Trauerschnäpper und die Grauschnäpper.

Grauschnäpper BZ – L 14

Grauschnäpper, Nestlinge im Blumentopf

Trauerschnäpper BZ – L 13

14.10 Meisen und Meisenartige

Meisen sind global fast auf allen Erdteilen beheimatet. Die bei uns bekanntesten Arten sind wohl die **Kohl- und Blaumeisen**, die auch im Winter hierbleiben und oft bei der Winterfütterung an Futterhäuschen zu beobachten sind.

Bartmeisen ähneln den eigentlichen Meisen, gehören aber zur Familie der Drosselmeisen und leben versteckt in Schilfgebieten.

Beutelmeisen bauen fein gewobene Nester mit einer Eingangsröhre, die meist an Weidenzweigen aufgehängt werden.

Blaumeise J – L 12

Haubenmeise J – L 12

Bartmeisen BZ – L 11

Beutelmeise BZ – L 11

Kohlmeise J – L 14

Schwanzmeise JW – L 16

Sumpfmeise J – L 12

Tannenmeise J – L 11

Weidenmeise J – L 12

14.11 Kleiber

Kleiber können kopfüber an Bäumen hinauf- und hinunterlaufen, was sie von Spechten unterscheidet. Sie nisten vorrangig in Baumlöchern.

14.12 Baumläufer

Baumläufer klettern auf der Suche nach Insekten meist spiralförmig von unten nach oben hinauf. Zur Unterstützung dient der recht kräftige Schwanz.

Kleiber J – L 14

Waldbaumläufer J – L 13

Kleiber J – L 14

Gartenbaumläufer J – L 13

14.13 Würger

Würger spießen gelegentlich die von ihnen erbeuteten Tiere (Insekten, kleine Vögel, Säugetiere und Reptilien) auf Dornen oder Drähte.

Neuntöter BZ – L 18

Raubwürger BJW – L 24

Raubwürger BJW – L 24

Neuntöter BZ – L 18

14.14 Pirol

Der Pirol ist trotz seiner leuchtenden Farbe meist eher zu hören als zu sehen.

Pirol BZ – L 24

14.15 Seidenschwanz

Seidenschwänze leben im hohen Norden und ernähren sich vorrangig von Beeren, teilweise auch von Misteln. Auf ihren Zügen im zeitigen Frühjahr sind sie manchmal in der Uckermark zu sehen – meist in kleineren Schwärmen.

Seidenschwanz W – L 18

Seidenschwanz W – L 18

14.16 Krähenvögel

Die Wissenschaft hat selbst den riesigen Kolkraben sowie Elster und Häher den Sperlingsvögeln zugeordnet. Die weltweite Verbreitung in 117 Arten lässt auf eine anpassungsfähige und erfolgreiche Entwicklung schließen. Krähenvögel leben meist gesellig. Allen gemein ist, dass sie für das Räubern der Eier und Jungvögel kleinerer Singvögel aus deren Nestern bekannt sind.

Eichelhäher JZW – L 35

Nebelkrähe JW – L 46

Dohle J – L 33
Vogel des Jahres 2012

Kolkraben J – L 65

Elster J – L 45

Rabenkrähe J – L 46

Kolkrabenhorst

Elstern im Frühjahr

Rabenkrähe, Albino

Saatkrähen JZW – L 46

Feldsperling J – L 14

Tannenhäher W – L 33

14.17 Sperlinge

Feldsperling J – L 14

Haussperling J – L 14,5

14.18 Finken

Die relativ kleinen, geselligen Vögel können von einfachen Brauntönen bis zu stark kräftigen Farbtönen variieren. Mit ihren meist starken, kegelförmigen Schnäbeln können sie unterschiedlichste Samenarten knacken.

Die **Gimpel** (früher Dompfaff genannt) sind meist nur im Frühjahr beim Fressen von Knospen zu sehen – oft in kleinen Trupps. **Stieglitze** werden wegen ihrer Spezialisierung auf Distelsamen daher auch Distelfinken genannt.

Gimpel JZW – L 16

Stieglitz JZW – L 14

Gimpel JZW – L 16

Stieglitz, Gelege

Bergfink ZW – L 15

Bluthänfling BZ – L 13

Buchfink JZW – L 15

Berghänfling W – L 13

Birkenzeisig ZW – L 12,5

Erlenzeisig JZW – L 12

Girlitz BZ – L 11

Girlitz, Gelege

Kernbeißer JW – L 18

Grünfink J – L 14,5

Grünfink, Nestling

Kernbeißer

14.19 Ammern

Ammern haben dicke, kurze Schnäbel und bewohnen offene Landschaften mit Büschen, Hecken und Gehölzen, aber auch Weiden- und Schilfdickichte sowie Waldgebiete.

Goldammer JZW – L 16,5

Grauammer BJZ – L 18

Foto: Heiko Menz

Ortolan Z – L 16,5

Zaunammer BZ – L 16

Rohrammer BZ – L 15,5

14.20 Kreuzschnäbel

Der Fichtenkreuzschnabel ernährt sich ausschließlich von Koniferensamen.

Foto: Heiko Menz

Kreuzschnabel JZW – L 16

Einige Schlussgedanken

Über die rasante Entwicklung der Weltbevölkerung ist schon viel berichtet und geschrieben worden. Man schätzt, dass im Jahr 2050 etwa 10 Mrd. Menschen die Erde bewohnen werden. Damit werden die Lebensräume unserer tierischen Mitbewohner automatisch immer stärker eingeschränkt.

Die Rote Liste der vom Aussterben bedrohten Tier- und Pflanzenarten wird leider immer länger. Über die vielschichtigen Gründe ist bereits viel debattiert und geschrieben worden. Die Frage ist, wie diese Entwicklung zu stoppen bzw. perspektivisch im Interesse aller Betroffenen zu regulieren ist. Allein die engagierte und dankenswerte Arbeit der vielen haupt- und ehrenamtlichen Mitarbeiter der Naturschutzverbände, die nicht genug gewürdigt werden kann, reicht wohl nicht aus. Auch die Politik allein kann es nicht richten. Jeder einzelne ist gefordert und kann einen, wenn auch kleinen Beitrag zur Erhaltung unserer Natur und Umwelt tun.

Die Idee zu diesem Fotoband ist durch eine tiefe Verbundenheit zur Natur entstanden. Ich habe die Stunden nicht gezählt, die ich für die bisherige Fotosammlung gebraucht habe. Sicher bin ich mir jedoch, dass die Begeisterung für dieses schöne Hobby auch in Zukunft nicht geringer werden wird.
Eine abschließende Bemerkung: Natürlich gibt es jährlich Bestandsschwankungen innerhalb der jeweiligen Arten. Dennoch ist auffällig, dass es wahrscheinlich auch in der Uckermark deutlich weniger Vögel geworden sind, und manche Art habe ich nur ein einziges Mal gesehen. Vielleicht sind mir ja sogar Fotos von Arten gelungen, die man hier künftig nicht mehr sehen kann.
Es bleibt die Hoffnung, dass wir uns alle auch in Zukunft noch lange an unseren gefiederten Mitbewohnern erfreuen können. Wenn dieses Buch einen kleinen Beitrag dazu leisten könnte, wäre das Ziel der Idee ein Stück nähergekommen.

Ein herzliches Dankeschön an dieser Stelle auch dem Team von Ka&Jott für die redaktionelle Gestaltung.

Wo sich Hase und Fuchs „Gute Nacht" sagen – Artenvielfalt in der Uckermark

Register